KB057037

고양이 수학 B

켈리 피어슨 글 · 강미선 옮김

세상에서
가장
사랑스러운
수학책

데카 수학책방 x 서사원주니어

지미에게

이 책에는 '수학'이 있어요!

<고양이 수학>이라는 책 제목을 보고 어떤 느낌이 들었나요?
'고양이'와 '수학'은 어울리지 않는 단어라고 생각했나요?

이 책에서 우리는 고양이들과 함께 수학을 만날 거예요. 한 가지 약속할게요.
바로, 고양이들과 함께라면 수학이 훨씬 더 재미있을 거라는 사실이에요!

여러분이 알아야 할 것은…

이 책에 나오는 모든 수학을 이미 다 알고 있으면 안 돼요.

모르고 있다가 알게 되는 게 바로 '학습'이거든요. 알아가는 게 핵심이에요.

천천히 가도 돼요. 그래도 수학을 잘할 수 있어요.

천천히 생각하고, 자세히 보세요. 생각하고, 또 생각해 보세요. 기계처럼 수학 공식을 외우는 것보다 이게 훨씬 중요해요.

쉽게 포기하거나 "나는 수학을 못해"라고 말하지 마세요.

수학을 잘하려면 실수를 하고, 계속해서 연습해야 해요. 그게 다예요.

수학이 잘 안될 때는 어떻게 해야 할까요?

- 스스로에게 "나는 아직 이걸 몰라. 나는 배우는 중이니까."라고 말하세요.

- 시간을 가지세요. 그리고 스스로 문제를 해결할 수 있는지 보세요.

- 누군가에게 설명해 달라고 도움을 청하세요.

- <해답>을 보세요. 그리고 나서 그 답을 구할 수 있는지 알아보세요.

- 아직도 자신이 없다면, 건너뛰세요. 그리고 나중에 다시 보세요.

가장 중요한 건 '재미'예요. 고양이는 재미있게 수학을 알려 주는 최고의 친구랍니다!

[온라인 보너스 패키지]

QR코드를 찍어서 보너스 자료를 만나 보세요. 사랑스러운 아기 고양이 영상, 게임판, 그리기 등 재미있는 활동이 가득해요.(영어로 되어 있으니 번역기를 사용해도 좋아요!)

자, 이제 아기 고양이들을 만날 준비가 되었나요? 시작해 봐요!

"야옹! 야옹! 야옹!"

상상해 보세요. 여러분이 부드럽게 꼼지락거리는 아기 고양이를 손에 안고, 엄지손가락만 한 젖병으로 우유를 먹이고 있는 거예요. 누가 그런 귀여움을 참을 수 있을까요? 누구든 너무 귀여워서 기절할지도 몰라요.

그러는 동안 다른 아기 고양이 3마리가 울음소리를 내면서 작은 발톱으로 여러분의 다리를 기어오르고, 젖병을 향해 가고 있어요. 모두 여러분이 돌봐야 할 사랑스러운 고양이들이지요.

아기 고양이 키우기의 세계에 온 걸 환영해요!

여러분은 태어난 지 3주 된, 엄마 없는 아기 고양이 4마리를 지금 막 집에 데려왔어요. 이 고양이들이 다른 가정에 입양될 수 있는 나이가 될 때까지, 여러분이 건강하고 안전하게 돌봐 주고 사랑해 주어야 한답니다.

몇 시간마다 아기 고양이들에게 우유를 주는 일 외에
도 체중계로 몸무게를 재고, 장난감과 고양이 용품을
사고, 고양이 집을 꾸며 주는 등 다양한 활동을 하게
될 거예요!

비록 여러분의 고양이들은 상상 속에 있지만, 엄마 잃은 아기 고양이들을 기르고 돌
보면서 배울 수 있는 지식들은 모두 진짜랍니다.

<고양이 수학>을 모두 마치고 나면
여러분은 수학을 훨씬 더 잘할 수 있을 거예요.
아기 고양이를 어떻게 길러야 하는지도 알게 되고요!

나랑 같이
시작해 보자~

여러분이 기르는 고양이 네 마리를 찾아 보세요.

여러분이 기르고 있는 고양이를 그리고 이름과 특징을 쓰세요.
책 맨 뒤에 있는 고양이 카드를 오려서 붙여도 좋아요.

이름:

_____

_____

이름:

_____

_____

이름:

_____

_____

이름:

_____

_____

고양이 몸무게를 재요

 고양이 몸무게재기

고양이 탐정이 되다

고양이 몸무게 재기

고양이 보호센터 직원 애나벨은 매일 아기 고양이들의 몸무게를 재고 기록해 두는 것이 중요하다고 했어요.

아기 고양이의 몸무게가 줄면, 고양이가 아프다는 신호거든요. 정말 위험해요!

고양이들의 이름을 아래 표에 써 봐!

몸무게는 건강에 대한 정보를 담고 있어요. 만약 아기 고양이들의 몸무게가 이상하다면, 여러분이 뭔가 잘못했다는 뜻이에요. 그럴 때는 얼른 고양이를 수의사에게 데리고 가야 해요!

고양이가 건강하면 매일 몸무게가 약 10g씩 늘어요.

아래 표에 여러분이 키우는 고양이 네 마리의 이름을 쓰세요. 일주일 동안 고양이들의 몸무게가 어떻게 변했을까요?

고양이 몸무게 표

(단위: 그램)

고양이 이름	4-1	4-2	4-3	4-4	4-5	4-6	4-7
①	355	380	385	382	369	397	411
②	360	379	394	403	420	436	451
③	352	362	381	394	405	415	439
④	358	375	396	372	373	390	412

아래 표에 각 고양이의 이름을 쓴 후, 매일 몸무게가 몇 그램씩 늘었는지 보세요.
그리고 일주일 동안 몸무게가 얼마나 늘었는지 알아보세요.

고양이의 몸무게가 어떻게 달라졌을까요?

① [   ] 의 몸무게 표

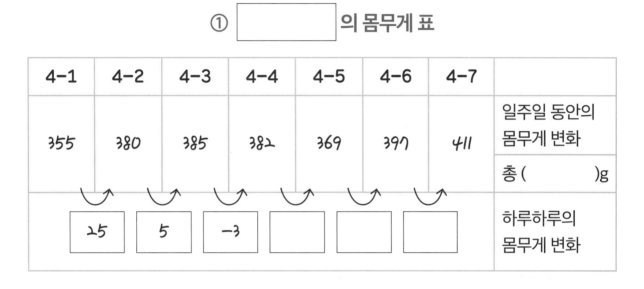

4-1	4-2	4-3	4-4	4-5	4-6	4-7	일주일 동안의 몸무게 변화
355	380	385	382	369	397	411	총 ( )g
	25	5	-3				하루하루의 몸무게 변화

몸무게가 3g 줄었을 때는 '-3'이라고 써요.

② [   ] 의 몸무게 표

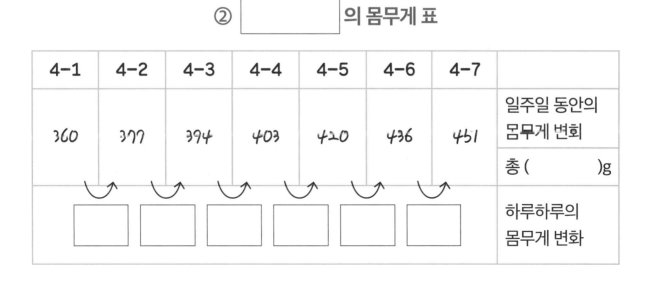

4-1	4-2	4-3	4-4	4-5	4-6	4-7	일주일 동안의 몸무게 변화
360	377	394	403	420	436	451	총 ( )g
							하루하루의 몸무게 변화

③ [   ] 의 몸무게 표

4-1	4-2	4-3	4-4	4-5	4-6	4-7	
352	362	381	394	405	415	439	일주일 동안의 몸무게 변화
							총 ( )g
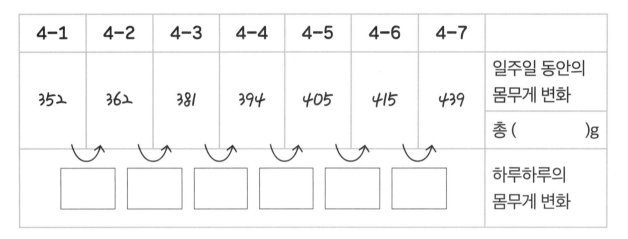							하루하루의 몸무게 변화

④ [   ] 의 몸무게 표

4-1	4-2	4-3	4-4	4-5	4-6	4-7	
358	375	396	372	373	390	412	일주일 동안의 몸무게 변화
							총 ( )g
							하루하루의 몸무게 변화

일주일 동안 가장 살이 많이 찐 고양이는 누구인가요?

_____

그 고양이는 몸무게가 얼마나 늘었나요?

_____ g

일주일 동안 가장 살이 적게 찐 고양이는 누구인가요?

_____

그 고양이는 몸무게가 얼마나 늘었나요?

_____ g

하루에 가장 살이 많이 찐 고양이는 몸무게가 얼마나 늘었나요?

_____ g

하루에 가장 살이 많이 빠진 고양이는 몸무게가 얼마나 줄었나요?

_____ g

고양이 탐정이 되다

고양이 한 마리의 몸무게 그래프를 그릴 거예요. 여러분이 그래프로 그리고 싶은 고양이는 누구인가요? 이름을 아래 표에 써요.

〈그래프 그리는 법〉

12쪽의 표를 보고, 그 고양이의 몸무게 변화를 찾아 그래프에 점을 찍으면 된답니다. 그리고 그 점들을 선으로 연결하세요.

의 몸무게 표

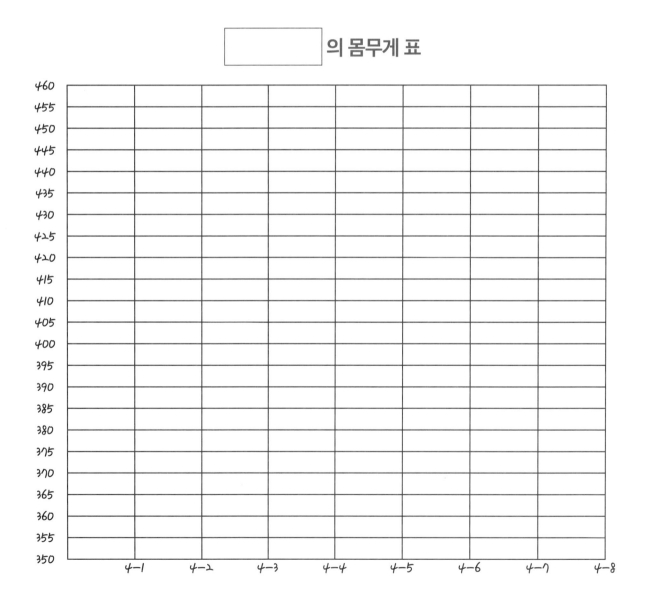

고양이의 살이 빠졌다면, 이건 여러분이 무언가 잘못하고 있다는 위험 신호예요!

일주일 동안의 몸무게 그래프를 보세요. 이번 주에 이 고양이가 살이 빠진 적이 있나요?

☐ 네   ☐ 아니오

이 고양이는 일주일 동안 건강했나요?

☐ 건강했어요   ☐ 아팠지만 점점 좋아지고 있어요   ☐ 일주일 내내 아팠어요

다음 그래프 중에 아픈 고양이의 몸무게 그래프가 아닌 것을 고르세요.

☐   ☐   ☐   ☐

몸무게 그래프를 보고 고양이들이 건강해지기 시작한다는 것을 어떻게 알 수 있나요?

_____

몸무게가 줄어들었다가 다시 건강해지는 고양이에게 뭐라고 말해 주고 싶나요?

_____

_____

_____

_____

이 그래프는 여러분의 고양이 중 한 마리의 몸무게 변화 그래프예요.

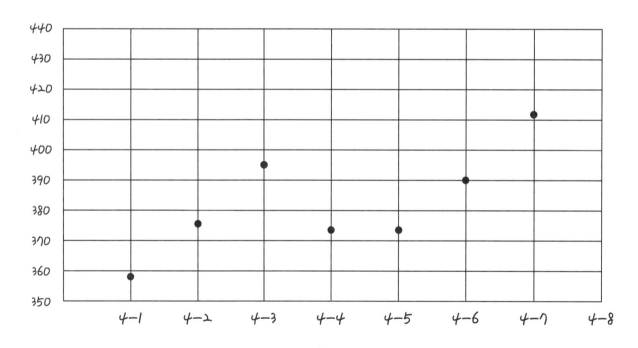

점을 이어 선 그래프를 완성하세요. 이 그래프는 어떤 고양이의 몸무게 변화를 나타내나요?(12쪽 표를 보세요!)

_____

그래프의 세로축에 350, 360, 370…이라고 쓰여 있는 숫자들은 무엇일까요?

☐ 몸무게   ☐ 날짜   ☐ 고양이 마리 수

그래프의 가로축에 4-1, 4-2, 4-3…이라고 쓰여 있는 숫자들은 무엇일까요?

☐ 몸무게   ☐ 날짜   ☐ 고양이 마리 수

그래프 위에 찍힌 점들은 무엇을 나타낼까요?

_____

여러분의 고양이가 건강하다면, 4-8에는 몸무게가 몇 g이 되어야 할까요? 4-8에 그 점을 찍고, 점을 이어 보세요.

_____ g

아기 고양이가 자라요

 자라는 아기 고양이에게 필요한 것은?

고양이 용품 50% 할인 행사

까다로운 수의 $\frac{1}{2}$

고양이 용품 쇼핑하기

"절반" 게임

자라는 아기 고양이에게 필요한 것은?

여러분의 고양이들은 빠르게 자라고 있어요! 여러 가지 동작도 배우고 있고요. 이제 새로운 용품을 사야할 때가 되었네요. 아기 고양이들의 동작에 맞는 물건을 짝지어 보세요.

껴안고 갖고 놀기 ●   ● 스크래쳐(긁을 수 있는 물건)

밥그릇에 놓인
먹이 먹기 ●   ● 고양이 화장실

화장실에 똥 싸기 ●   ● 동물 인형

발톱으로 긁기 ●   ● 고양이 사료와 밥그릇

점프하기 ●   ● 공, 움직이는 장난감

쫓아다니기 ●   ● 깃털 막대

고양이 용품 50% 할인 행사

좋은 소식이 있어요! 내일 모든 고양이 장난감을 50% 할인한대요.

50%는 **50퍼센트**라고 읽어요. 다음은 뭐라고 읽을까요?

20%	35%	90%	100%
_____	_____	_____	_____

퍼센트는 '100에 대하여'라는 뜻이에요. 전체가 100일 때, 그 수가 얼만큼을 차지하는지를 나타내지요.

100점 만점인 시험에서
100점을 받으면
→ 100퍼센트

10%
배터리가 10밖에
남지 않았을 때
→ 10퍼센트
(내 충전기 어딨지?)

100의 절반인 50일 때
→ 50퍼센트
(50은 100의 $\frac{1}{2}$이니까요.)

퍼센트는 분수와 같아요

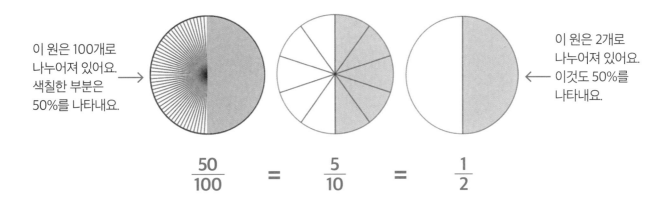

이 원은 100개로
나누어져 있어요.
색칠한 부분은
50%를 나타내요.

이 원은 2개로
나누어져 있어요.
이것도 50%를
나타내요.

$$\frac{50}{100} = \frac{5}{10} = \frac{1}{2}$$

고양이 장난감의 50% 할인 가격을 알아보세요.

100달러짜리 장난감을 50% 할인하면?

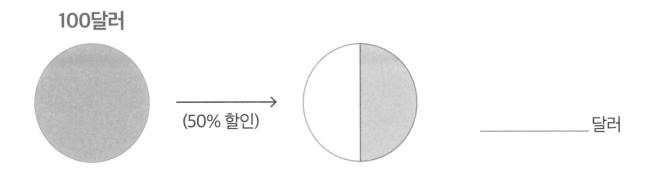

100달러

(50% 할인)

_____ 달러

50달러짜리 장난감을 50% 할인하면?

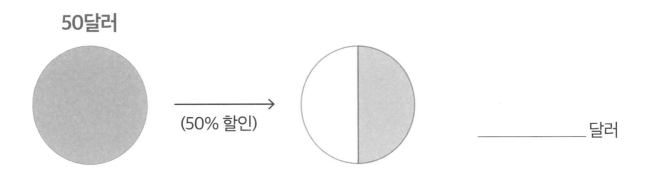

50달러

(50% 할인)

_____ 달러

고양이 장난감의 50% 할인 가격을 알아보세요.

12달러짜리 장난감을 50% 할인하면?

12달러

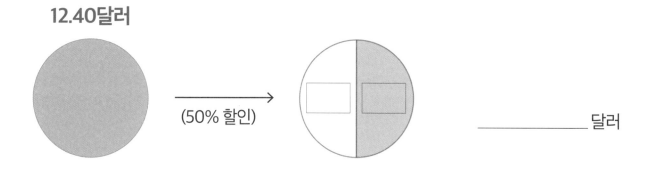

_____ 달러

12.40달러짜리 장난감을 50% 할인하면?

12.40달러

(50% 할인)

_____ 달러

12.44달러짜리 장난감을 50% 할인하면?

12.44달러

(50% 할인)

_____ 달러

25달러짜리 장난감을 50% 할인하면?

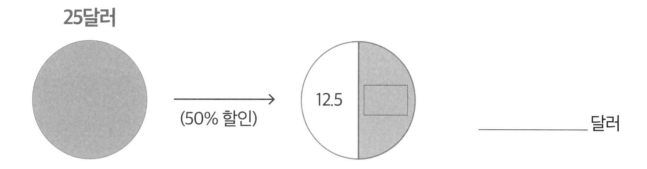

_____ 달러

25.6달러짜리 장난감을 50% 할인하면?

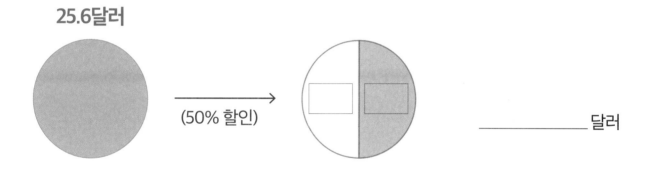

_____ 달러

125.6달러짜리 장난감을 50% 할인하면?

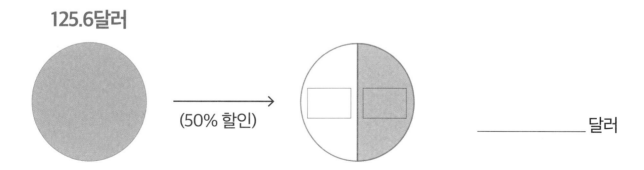

_____ 달러

6달러짜리 장난감을 50% 할인하면 _____달러

24달러짜리 장난감을 50% 할인하면 _____달러

12.04달러짜리 장난감을 50% 할인하면 _____달러

8달러짜리 장난감을 50% 할인하면 _____달러

30.18달러짜리 장난감을 50% 할인하면 _____달러

28.60달러짜리 장난감을 50% 할인하면 _____달러

14.20달러짜리 장난감을 50% 할인하면 ＿＿＿＿＿＿달러

10.12달러짜리 장난감을 50% 할인하면 ＿＿＿＿＿＿달러

42.88달러짜리 장난감을 50% 할인하면 ＿＿＿＿＿＿달러

16.30달러짜리 장난감을 50% 할인하면 ＿＿＿＿＿＿달러

까다로운 수의 $\frac{1}{2}$

2, 4, 6, 8···과 같이 2로 나누어떨어지는 수를 **짝수**라고 해요.

1, 3, 5, 7···과 같이 2로 나누어떨어지지 않는 수를 **홀수**라고 하지요.

만약 여러분이 홀수를 반으로 나눌 일이 생기면 어떻게 해야 할까요?

여기 두 가지 방법이 있답니다.

<그림 그리기 마술>

1   홀수 3의 절반을 구해 볼까요? 먼저 동그라미 3개를 그려요.

2   가운데 선을 그려 절반으로 나누어요.

3   선의 양쪽에 동그라미가 몇 개씩 있는지 세 봐요.

3의 절반은 1과 $\frac{1}{2}$

<더하기 마술>

1 이번에는 홀수 5의 절반을 구해 봐요.
   먼저 동그라미 5개를 그려요.

5의 절반은?

2 동그라미 1개를 빌려 와서 짝수로 만들어요.
   그리고 그 수를 절반으로 나누어요.

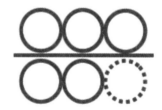

6의 절반은 3

3 이제 2번에서 나온 수에서 $\frac{1}{2}$을 빼세요.
   (2번에서 빌려 온 것을 다시 돌려주는 거예요.)

5의 절반은 2와 $\frac{1}{2}$

돈으로 홀수의 절반을 알아봐요.

미국의 화폐 단위에는 달러, 다임, 센트 등이 있어요.

1달러	=	10다임	=	100센트

1센트가 **10개** 있으면 **1다임**이에요.
1다임이 **10개** 있으면 **1달러**예요.
1센트가 **100개** 있으면 **1달러**예요.

'0.99달러'와 같이 홀수로 끝나면 어떻게 할까요? 1센트(0.01달러)를 더한 뒤 절반으로 나누면 돼요.

9.99달러의 50%는?

9달러

0.9달러
(9다임)

0.09달러
(9센트)
+0.01달러
(1센트)

10달러
5달러   5달러

10달러의 50%는 _____달러

아래 가격의 50% 할인 가격을 알아보세요.

11.99달러의 약 50%는?

- 11.99달러에 0.01달러를 더하면 _____달러

- 12달러의 50%는 _____달러

$$
\begin{array}{r}
11.99 \\
+\ 0.01 \\
\hline
12.00
\end{array}
$$

5.99달러의 50%는 약 _____달러

$$
\begin{array}{r}
5.99 \\
+\ 0.01 \\
\hline

\end{array}
$$

15.99달러의 50%는 약 _____달러

$$
\begin{array}{r}
15.99 \\
+\ 0.01 \\
\hline

\end{array}
$$

4.27달러의 50%는 약 _____달러

$$
\begin{array}{r}
4.27 \\
+\ 0.01 \\
\hline

\end{array}
$$

8.15달러의 50%는 약 _____달러

$$
\begin{array}{r}
8.15 \\
+\ 0.01 \\
\hline

\end{array}
$$

16.49달러의 50%는 약 _____ 달러

$$\begin{array}{r} 16.49 \\ +\ 0.01 \\ \hline \end{array}$$

26.13달러의 50%는 약 _____ 달러

$$\begin{array}{r} 26.13 \\ +\ 0.01 \\ \hline \end{array}$$

12.99달러의 50%는 약 _____ 달러

$$\begin{array}{r} 12.99 \\ +\ 0.01 \\ \hline \end{array}$$

23.99달러의 50%는 약 _____ 달러

$$\begin{array}{r} 23.99 \\ +\ 0.01 \\ \hline \end{array}$$

고양이 용품 쇼핑하기

매일매일 쑥쑥 자라는 고양이들은 새로운 장난감, 화장실, 그리고 다른 여러 가지 물건들이 필요해요.

다음 장으로 넘기면 고양이 용품 가게의 카탈로그가 있어요. 여러분이 가진 **200달러**로 고양이들을 위한 물건을 사세요. **오늘 모든 물건을 50% 할인하는 것을 잊지 마세요!**

(단위: 달러)

물건 이름	가격	50% 할인 가격	개수	금액
			합계	

냥이 사랑 ♥ 펫 스토어 카탈로그

고양이 밥그릇

귀여운 접시 스타일의 연두색, 분홍색 도자기 밥그릇입니다. 아기 고양이에게 딱 알맞은 크기입니다. 2개 세트.

7.98달러

작은 고양이 밥그릇

파란색의 얕은 접시 모양으로 아기 고양이들에게 딱 맞는 크기입니다. 단단한 플라스틱 재질입니다.

2.99달러

하얀 고양이 밥그릇

귀여운 고양이가 그려진 얕은 접시 모양의 밥그릇입니다. 아기 고양이들에게 알맞습니다.

6.46달러

아기 고양이 건식 사료

3살 이상의 아기 고양이를 위한 특별한 사료입니다.

23.50달러

아기 고양이 캔 사료

아기 고양이를 위한 촉촉하고 맛있고 부드러운 사료입니다.

16.64달러

공이 달린 캣터널

반투명한 재질에 소리 나는 공이 달린 터널입니다. 숨바꼭질 놀이에 좋습니다.

8.60달러

바스락 빅 캣터널

고양이들이 좋아하는 바스락 소리가 나는 큼직한 터널입니다. 고양이 여러 마리가 들어가 놀 수 있습니다.

10.44달러

터널과 장난감 세트

아기 고양이가 가장 좋아하는 장난감 24개와 재미있는 터널이 함께 들어있습니다.

10.50달러

공 세트

부드러운 공, 뾰족뾰족한 공, 딸랑이 공 등 공 13개가 들어 있습니다.

12.00달러

쭈글이 공

여러 가지 색깔의 가벼운 공입니다. 만지면 고양이들이 좋아하는 바삭바삭 소리가 납니다.

7.00달러

깃털 막대

막대를 흔들면 깃털이 마치 날고 있는 새처럼 보입니다. 점프나 사냥 놀이를 하기에 좋습니다.

8.20달러

놀이용 축구공

작고 귀여운 축구공 세트입니다. 아주 가볍습니다. 4개 세트.

3.00달러

트랙볼 장난감

트랙을 따라 굴러가는 공을 잡으러 쫓아다니며 노는 장난감입니다.

12.00달러

긴 꼬리 사자 인형

꼬리가 길고 끝이 푹신해서 씹거나 물어뜯으며 놀기 좋습니다.

4.40달러

쥐 인형

폭신폭신하고 꼬리가 길어서 던지며 가지고 놀기 좋습니다.

2.60달러

고양이 놀이터

두툼한 천으로 된 튼튼하고 재미있는 놀이터입니다. 숨을 수 있는 동굴이 있습니다.

30.00달러

찍찍이 인형 세트

누르면 찍찍 쥐 울음소리가 납니다. 10개 세트.

6.00달러

스프링 세트

이렇게 간단한 장난감이 이렇게 재미있을 줄이야! 10개 세트.

5.99달러

오리너구리 인형

고양이가 끌어안거나 물어뜯으며 놀 수 있는 푹신한 인형입니다.

8.80달러

타코 모양 장난감

매듭 끈이 달려 있는 부드러운 장난감입니다. 발로 차고, 이리저리 옮기고, 따라가며 놀 수 있습니다.

6.00달러

박스형 스크래쳐

두꺼운 종이 박스를 재활용한 스크래쳐입니다. 무럭무럭 자라는 고양이들에게 적당한 크기입니다.

7.00달러

스크래쳐 미끄럼틀

긁을 수 있는 기둥이 있는 미니 미끄럼틀 입니다. 스프링 볼도 달려 있습니다.

15.00달러

높은 스크래쳐 기둥

로프로 둘둘 말아서 만든 80센티미터 높이의 스크래쳐 기둥입니다. 매달릴 수도 있습니다.

22.50달러

스크래쳐 캣타워

동굴과 해먹, 스크래쳐가 모두 있는 푹신한 캣타워입니다.

35.00달러

골판지 스크래쳐

고양이들이 들어가서 마음껏 긁으며 놀 수 있습니다.

12.50달러

소나무 고양이 모래

100% 소나무로 만들어 신선한 향이 나고 안전한 고양이 모래입니다. 9킬로그램 2봉지 세트.

27.50달러

안전 고양이 모래

재활용 종이로 만들어 친환경적이고 안전합니다. 12킬로그램 1봉지.

19.99달러

일회용 고양이 쓰레기통

새거나 뜯어지거나 찢어지지 않는 일회용 쓰레기통입니다. 100% 분해됩니다 4주 동안 사용할 수 있습니다. 3개 세트.

5.99달러

고양이 모래 삽

부드럽게 잘 조절되는 손잡이가 달려 있는 단단한 삽입니다.

9.99달러

화장실 키트

중간 크기의 화장실 모래, 화장실 매트, 모래 삽이 들어 있습니다.

14.50달러

작은 고양이 화장실

씻기 쉽고 냄새와 얼룩이 남지 않는 화장실입니다.

2.99달러

고양이 냄새 제거제

고양이 방에 뿌리면 신선하고 깨끗한 향이 납니다.

17.99달러

"절반" 게임

 2~4명

 카드 한 세트

준비하기

1   카드에서 텐(10), 잭(J), 퀸(Q), 킹(K), 조커 카드를 모두 찾아 빼 둬요.

2   에이스(A)는 그대로 둬요.(에이스=1)

3   나머지 카드를 섞어서 테이블 위에 놓아요.

게임하기

1   각자 카드를 똑같이 나눠 가져요. 다른 친구의 카드를 보면 안 돼요.

2   카드를 한 장씩 꺼내, 돌아가면서 그 카드에 쓰인 숫자의 절반을 말해요.

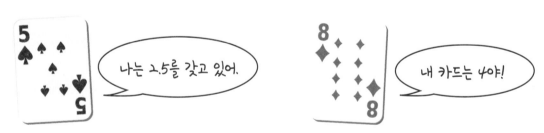

3   가장 큰 수를 가진 친구가 나머지 카드를 모두 가져가요.

4   서로 비기면 다시 해요.

5   카드가 없어질 때까지 계속해요. 마지막에 카드를 가장 많이 가진 사람이 이겨요.

고양이 방을 꾸며요

 넓이란 무엇일까?

고양이 방에 무얼 넣을까?

고양이 방 지도 보기

고양이 방 꾸미기

"붐비는 직사각형" 게임

넓이란 무엇일까?

이제 아기 고양이들을 위해 방을 꾸며 줄 시간이에요! 방을 꾸미려면, 먼저 방의 크기를 알아야 해요.

> 넓이는 내가 뛰어 놀 수 있는 공간이 얼마나 있는지를 말하는 거야!

먼저 마루의 넓이를 재 볼까요?

이 두 직사각형은 가로 길이가 8미터로 똑같아요.

하지만 두 번째 직사각형의 _____가 더 커요.

8미터

8미터

넓이는 도형이 차지하는 공간의 크기를 말해요.
한번 더 말해 볼게요. 매우 중요하기 때문이에요.

넓이란 _____이 차지하는 _____의 _____를 말해요.

공간의 넓이는 어떻게 잴까요?

정사각형을 채워서 공간의 넓이를 잴 수 있어요. 그러고 나서 정사각형의 개수를 세는 거지요.

아래에 있는 두 직사각형을 보세요. 각각 몇 개의 정사각형이 들어 있나요? 넓이를 알려면 정사각형의 개수를 세면 돼요.

전체 정사각형의 개수는 가로 개수와 세로 개수를 곱한 것과 같아요. 미터끼리 곱한 것을 **제곱미터**라고 해요.

미터(m) × 미터(m) = 제곱미터(m²)

8미터

2미터

8미터

4미터

이 직사각형의 넓이는

_____제곱미터입니다.

이 직사각형의 넓이는

_____제곱미터입니다.

8 × 2 = _____제곱미터

8 × 4 = _____제곱미터

[고양이 방 넓이 퀴즈]

네 마리 아기 고양이 방의 넓이를 구해 보세요.

1   이 아기 고양이 방의 넓이는?

_____제곱미터

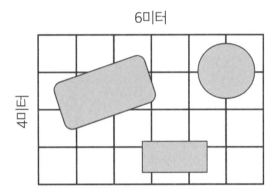

2   이 아기 고양이 방의 넓이는?

_____제곱미터

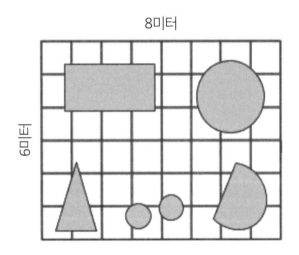

3 이 아기 고양이 방의 넓이는?

_____제곱미터

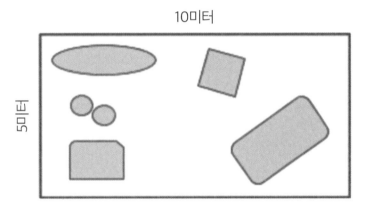

10미터

5미터

4 이 아기 고양이 방의 넓이는?

_____제곱미터

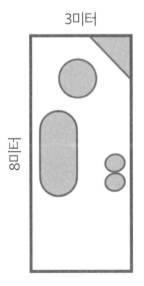

3미터

8미터

고양이 방에 무얼 넣을까?

아기 고양이 방에 무엇을 넣을까요? (고양이는 빼고요!)

넣고 싶은 물건에 모두 체크하고, 더 필요한 물건이 있으면 쓰세요.

☐ 고양이 놀이터	☐ 의자
☐ 스크래쳐	☐ 탁자
☐ 고양이 화장실	☐ 책장
☐ 밥그릇	☐ 캣타워
☐ 터널	☐ _____
☐ 놀이 매트	☐ _____
☐ 바구니	☐ _____
☐ 옷장	☐ _____
☐ 소파	☐ _____

<고양이 방 물건 목록>

먼저 고양이 방에 들어갈 물건 이름을 아래 표에 쓰세요.

물건의 가로와 세로 길이는 잠시 후에 이어서 쓸 거예요.

아기 고양이 방에 넣을
물건을 전부 쓰는 거야.

물건 이름	가로	세로

[고양이 가구 크기 재기]

준비물 : 물건 목록(42쪽), 줄자

물건 이름	가로	세로
고양이 울타리		
소파		
고양이 화장실		

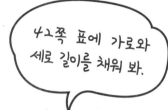

42쪽 표에 가로와 세로 길이를 채워 봐.

1   목록에 있는 물건 중 하나를 골라 보세요.

     예를 들어 고양이 화장실을 골랐어요.

2   손으로 고양이 화장실의 가로 길이가 어느 정도일지 짐작해 보세요.

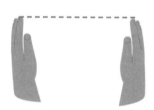

여러분이 잰 것이 아주 정확하지는 않아요.
이것을 **'어림하기'**라고 해요.

3   어림한 길이는 어느 정도인가요? 줄자를 사용해 10cm, 20cm, 50cm, … 1m 중 어느
     길이에 가까운지 알아보세요.

     (만약 34cm와 35cm의 중간 정도이면, 34.5cm라고 하면 된답니다.)

4   목록에 있는 모든 물건들의 가로와 세로 길이를 재세요. 그리고 42쪽 표의 빈칸에 쓰
     세요.

[센티미터와 미터의 관계를 알아봐요]

놀이 매트의 길이를 쟀더니 가로가 150센티미터, 세로가 100센티미터였어요.
센티미터(cm)는 미터(m)로 바꿀 수 있어요. 100센티미터가 1미터지요.

100cm = 1m	50cm = 0.5m

150센티미터를 미터로 바꾸면 몇 미터일까요?

150cm = 100cm + 50cm = 1m + 0.5m = 1.5m

센티미터와 미터가 표시된 수직선을 보세요.

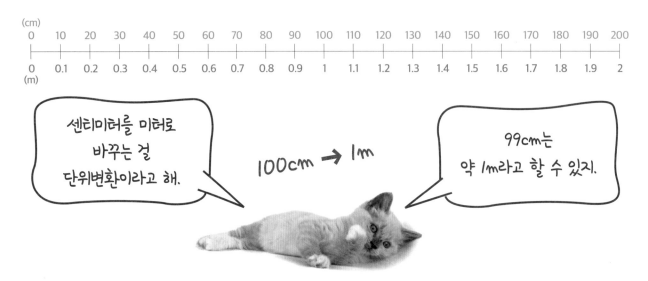

가로가 190센티미터, 세로가 200센티미터인 놀이 매트가 있어요. 단위를 미터로 바꿔 보세요.

190cm = _____m   200cm = _____m

44쪽의 수직선을 참고해서 보고 눈치챈 게 있나요?

120cm는 _____m와 같아요.   1.2m는 _____cm와 같아요.

130cm는 _____m와 같아요.   1.4m는 _____cm와 같아요.

200cm는 _____m와 같아요.   1.8m는 _____cm와 같아요.

아래 빈칸도 채울 수 있겠죠?

370cm는 _____m와 같아요.   3.3m는 _____cm와 같아요.

450cm는 _____m와 같아요.   4.7m는 _____cm와 같아요.

550cm는 _____m와 같아요.   6.8m는 _____cm와 같아요.

690cm는 _____m와 같아요.   7.7m는 _____cm와 같아요.

127cm는 _____ m와 같아요.

1.42m는 _____ cm와 같아요.

231cm는 _____ m와 같아요.

2.53m는 _____ cm와 같아요.

376cm는 _____ m와 같아요.

3.37m는 _____ cm와 같아요.

455cm는 _____ m와 같아요.

4.79m는 _____ cm와 같아요.

559cm는 _____ m와 같아요.

6.83m는 _____ cm와 같아요.

699cm는 _____ m와 같아요.

7.77m는 _____ cm와 같아요.

[똑똑한 친구들의 질문]

"더 쉽게 계산하는 법은 없나요?

우리는 계산을 더 쉽게 하기 위해 **반올림**을 해요.

반올림을 하면 '10, 20, 30…'처럼 계산하기 쉬운 수가 되거든요.

0과 10 사이에는 9개의 정류장이 있어요. 가운데
정류장은 5예요. 우리의 규칙은 이렇게 중간인 5나
그 이상의 수로 끝날 때 반올림해 주는 거예요.

5이거나 5보다
크면 올리기!

5나 5보다 큰 수로 끝나면 위로 **반올림**을 해요.

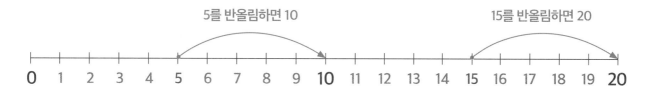

5를 반올림하면 10   15를 반올림하면 20

0 1 2 3 4 5 6 7 8 9 10 11 12 13 14 15 16 17 18 19 20

5보다 작은 수로 끝나면 아래로 **버림**을 해요.

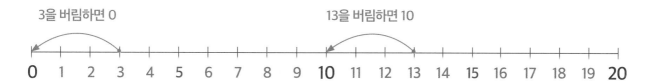

3을 버림하면 0   13을 버림하면 10

0 1 2 3 4 5 6 7 8 9 10 11 12 13 14 15 16 17 18 19 20

이런 식으로 수직선에 반올림한 것을 표시해 보세요.

6을 반올림하면 _____

0 1 2 3 4 5 6 7 8 9 **10** 11 12 13 14 15 16 17 18 19 **20**

16을 반올림하면 _____

0 1 2 3 4 5 6 7 8 9 **10** 11 12 13 14 15 16 17 18 19 **20**

7을 반올림하면 _____

0 1 2 3 4 5 6 7 8 9 **10** 11 12 13 14 15 16 17 18 19 **20**

17을 반올림하면 _____

0 1 2 3 4 5 6 7 8 9 **10** 11 12 13 14 15 16 17 18 19 **20**

2를 반올림하면 _____

0 1 2 3 4 5 6 7 8 9 **10** 11 12 13 14 15 16 17 18 19 **20**

12를 반올림하면 _____

0 1 2 3 4 5 6 7 8 9 **10** 11 12 13 14 15 16 17 18 19 **20**

반올림을 알면 고양이 방을 꾸미는 것과 같은 일들을 더 쉽게 할 수 있어요. 하지만 더 정확해야 할 때도 있답니다!

잠깐! 다른 질문도 있어요.

"똑같은 넓이를 여러 가지 방법으로 재는 것을 봤어요. 어떤 게 정답이죠?"

셋 다 정답이에요! 여러분 마음에 드는 방법을 고르면 된답니다.

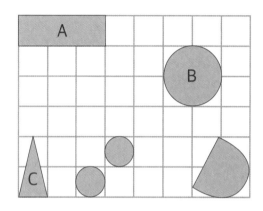

고양이 방 지도 보기

고양이 방 지도를 보세요. 물건들이 천장에서 아래를 내려다본 모양으로 그려져 있어요.

모든 가구들이 평평해
보이지요.

지도를 채우고 있는 정사각형의 가로세로는 각각 1미터예요. 이 정사각형의 넓이를 1제곱미터라고 하지요.

정사각형의 개수를 세면 물건들의 크기를 알아낼 수 있어요.

고양이 옷장(A)의 가로는 _____미터이고, 세로는 _____미터예요.

고양이 놀이터(B)는 가로가 _____미터이고, 세로가 _____미터인 정사각형에 쏙 들어가요.

고양이 스크래쳐(C)는 밑변이 _____미터이고, 높이가 _____미터인 직사각형에 쏙 들어가요.

			옷장			테이블	
		책장					

지도에 있는 옷장은 가로 4미터, 세로 2미터예요.
지도를 보는 것만으로 이 사실을 어떻게 알 수 있는 걸까요?

☐ 옷장이 테이블보다 크기 때문에 추측할 수 있다.

☐ 가로와 세로에 있는 정사각형의 칸을 세어서 알아낼 수 있다.

☐ 숫자가 없어서 가로와 세로 길이를 알아낼 방법이 없다.

테이블의 크기는 가로 _____미터, 세로 _____미터예요.

책장의 크기는 가로 _____미터, 세로 _____미터예요.

[지도에 가구 그리기]

이 도형들은 여러분이 자주 볼 수 있는 물건이에요. 물건의 크기와 모양을 잘 보고, 알맞은 알파벳을 쓰세요.

비누 접시 _____   테이블 _____

컴퓨터 충전기 _____   책 _____   화분 _____

여러분만의 지도를 그려 보세요. 이 물건들을 위에서 보면 어떻게 생겼을까요?

고양이 화장실   의자   화분   쓰레기통

고양이 놀이터   옷장   고양이 침대

고양이 방 꾸미기

준비물 : 물건 목록(42쪽), 모눈종이(부록 78쪽)

1   여러분의 물건 목록에서 첫 번째 물건을 보세요. 우리의 첫 번째 물건은 고양이 놀이터 예요.

물건 이름	가로	세로
고양이 놀이터	3미터	3미터
소파	5미터	2미터
고양이 화장실	2미터	1미터

2   모눈종이에 물건의 모양을 그리세요. 정확한 크기로 그리기 위해 정사각형의 개수를 세요. 고양이 놀이터는 3 × 3미터니까, 가로로 정사각형 3칸, 세로로 정사각형 3칸 위에 그리면 돼요.

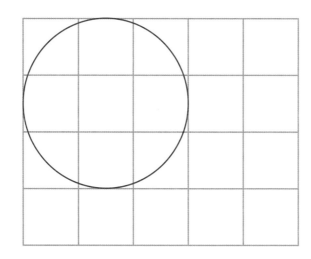

먼저 정사각형 개수를 세고, 그 안에 모양을 그리면 돼.

3 모눈종이에 여러분의 목록에 있는 물건들을 모두 그려 보세요. 도형 안에는 물건 이름을 쓰세요.

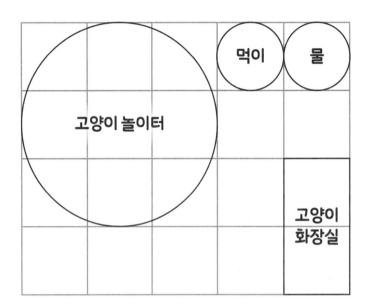

4 도형들을 모두 가위로 오리세요.

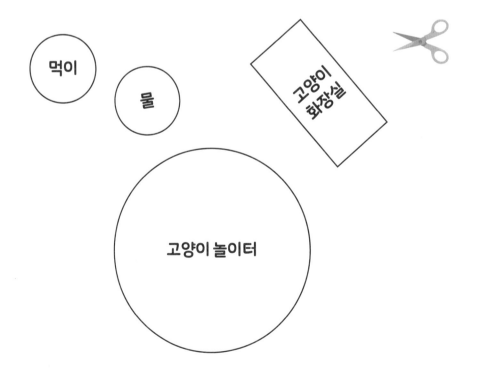

[나만의 고양이 방 만들기]

준비물 : 딱풀, 앞에서 오린 고양이 물건 도형, 색연필

여러분 마음에 드는 방이 될 때까지 오린 물건 도형들을 이리저리 배치해 보세요. 자리를 잡으면 풀로 붙이세요. 그리고 나서 색연필로 칠하고 꾸미세요.

문

"붐비는 직사각형" 게임

 2명

✓ 게임판(부록 79쪽), 색연필, 주사위 2개

준비하기

각자 다른 색의 색연필을 골라요.

게임하기

1 주사위 2개를 굴려요.

 나는 2와 6이 나왔어.

6 × 2

2 그 수로 곱셈 문제를 만들어요.

3 게임판에 그 곱셈 문제를 나타내는 직사각형을 그려요.

4 직사각형 안에 문제의 답과 문제를 만든 사람
   의 이름을 써요.

점수 매기기

5 종이가 꽉 찰 때까지 돌아가면서 직사각형을 그려요. 한 명이 더 이상 직사각형
   을 그릴 수 없으면 다른 사람에게 차례가 돌아가요.

6 자기가 그린 사각형 속 수를 모두 더해요. 수가 가장 큰 사람이 이겨요.

고양이를 입양 보내요

 고양이 도와주기

고양이 담요 만들기

고양이에게서 온 편지

"빙고" 게임

고양이 도와주기

여러분은 아기 고양이를 돌보는 방법을 많이 배웠어요. 여러분이 한 임시 보호는 고양이를 돕기 위한 여러 가지 방법 중 하나예요. 여러분 동네에 있는 고양이들을 어떻게 돕고 싶은가요? 모두 체크하세요.

물건 만들기

☐ 고양이 장난감 만들기   ☐ 고양이 친구 인형 만들기   ☐ 고양이 담요 만들기

봉사활동

☐ 임시 보호하기   ☐ 보호센터에서 봉사활동하기   ☐ 껴안아 주고 놀아 주기

그 외

☐ 고양이 쉼터를 위한 모금활동   ☐ 고양이 입양 포스터 만들기   ☐ 친구들에게 임시 보호에 대해 알려 주기

[생활 속 고양이 수학]

엄마가 여러분이 돌보고 있는 고양이들에게 장난감을 만들어 주라고 24달러를 주셨어요. 장난감 1개를 만드는 데는 3달러가 들어요. 여러분은 장난감을 총 몇 개 만들 수 있을까요?

_____개

아기 고양이들은 인형을 갖고 놀면서 안전함과 따뜻함을 느낀대요. 여러분은 15일 동안 하루에 2개씩 고양이 인형을 만들어서 봉사 단체에 기부하려고 해요. 여러분이 기부할 수 있는 인형은 총 몇 개인가요?

_____개

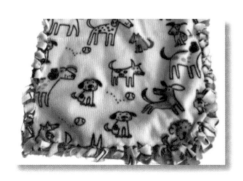

가로 300센티미터, 세로 200센티미터인 고양이 담요를 만들었어요. 이 담요의 길이를 미터로 바꾸면 가로는 _____미터, 세로는 _____미터예요. 그리고 이 담요의 넓이는 _____제곱미터예요.

태어난 지 일주일 된 아기 고양이의 배는 아주 작아서 2시간마다 우유를 먹어야 해요. (한밤중을 포함해서) 하루에 총 몇 번 우유를 먹여야 할까요?

_____번

여름방학에 친한 친구 2명과 함께 동물 보호센터에서 봉사활동을 했어요. 세 명이 봉사한 시간을 모두 합치니 총 33시간이에요. 여러분을 포함한 친구들이 모두 똑같은 시간 동안 봉사를 했다면, 여러분은 몇 시간 봉사했나요?

_____시간

지난주에 아기 고양이들을 안아 주기 위해 보호센터에 갔어요. 화요일에는 4마리, 수요일에는 6마리, 금요일에는 5마리, 토요일에는 8마리를 안아 주고 왔어요. 일주일 동안 총 몇 마리의 아기 고양이들을 껴안았나요?

_____마리

아픈 아기 고양이를 구하려면 250달러가 필요해요. 여러분은 이 돈을 마련하려고 플리마켓에서 레모네이드를 만들어 팔려고 해요. 레모네이드 재료를 사는 데 35달러를 썼어요. 금요일에 44달러, 토요일에 170달러, 일요일에는 172달러를 벌었다면 여러분은 아기 고양이를 구하는 데 필요한 돈을 모두 마련했나요?

_____

고양이 입양에 대해 알리는 행사가 열려요. 여러분은 홍보 포스터를 만들기로 했어요. 포스터 1장을 붙이면 약 10명의 사람들이 행사장에 와요. 여러분이 5개의 포스터를 만들었다면 약 몇 명이 행사장에 올까요?

_____명

친구들에게 고양이 임시 보호에 대해 이야기해 주었더니, 그중 3명이 임시 보호를 시작했어요. 그리고 그 3명도 각각 3명의 친구들에게 이야기를 해 주었고, 모두 임시 보호를 시작했대요. 이제 여러분을 포함해서 아기 고양이를 임시 보호하는 어린이는 모두 몇 명일까요?

_____명

아기 고양이를 돕는 방법 중에서 여러분이 가장 해 보고 싶은 것은 무엇인가요? 그 이유도 써 보세요.

고양이 담요 만들기

동물 보호센터에 있는 아기 고양이들은 잔뜩 겁을 먹고서 엄마를 그리워하고 있어요. 누군가 고양이를 임시 보호해 주거나 입양할 때까지, 따뜻한 담요가 고양이들을 포근하고 아늑하게 안아 줄 수 있을 거예요.

담요를 만들어서 동물 보호센터에 기부해 보세요.

준비물

- 무늬 있는 따뜻한 천(가로세로 1미터 이상)

- 무늬 없는 따뜻한 천(가로세로 1미터 이상)

- 가위   - 두꺼운 종이

- 줄자   - 연필

1   무늬가 있는 천을 바닥에 펼쳐요. 무늬가 있는 쪽이 바닥을 향하게 해요.

2   무늬가 없는 천을 그 위에 겹쳐 놓아요.

3   두 천의 크기가 같은지 살펴봐요. 크기가 다르다면 잘 다듬어서 크기를 맞춰요.

4   겹쳐 놓은 천의 길이를 재요.
가로 _____m × 세로 _____m

가로 _____m

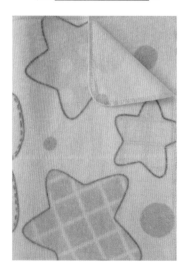

세로

5 두꺼운 종이를 10cm × 10cm 크기로 잘라요.

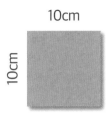

6 잘라낸 종이를 천의 네 꼭지점에 올려 두고 그림과 같이 잘라내요.

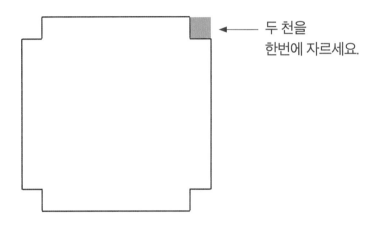

두 천을
한번에 자르세요.

7 두꺼운 종이를 5cm × 10cm 크기로 잘라요.

8 잘라낸 종이를 천의 테두리에 놓은 후, 연필을 사용해서 일정한
간격으로 선을 그려요.

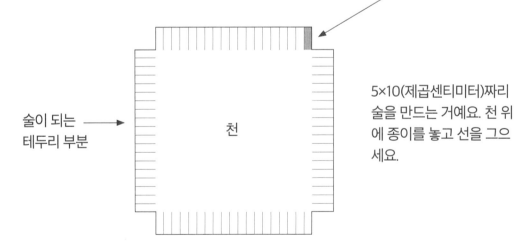

술이 되는
테두리 부분

천

5×10(제곱센티미터)짜리
술을 만드는 거예요. 천 위
에 종이를 놓고 선을 그으
세요.

9 그린 선을 따라 가위로 잘라요. 겹쳐 놓은 두 천을 한번에 잘라내야 해요.

10 맞닿아 있는 두 천의 술을 찾아서 함께 묶어요. 그리고 한 번 더 묶어서 쌍매듭을 만들어요.

11 이렇게 계속해서 모든 술들을 다 묶어요.

12 축하해요. 이제 멋진 고양이 담요가 완성되었어요!

13 담요를 세탁해요. 그리고 근처에 있는 동물 보호 센터에 찾아가 이 담요를 기부할 수 있는지 물어보세요.

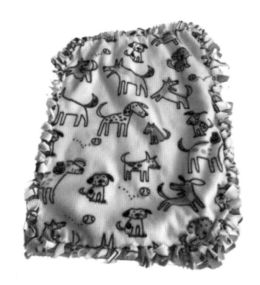

이 담요에는 강아지 무늬가 있네!

고양이에게서 온 편지

여러분이 임시 보호한 고양이에게서 편지가 왔어요. 빈칸에 숫자를 채워 고양이의 이야기를 완성해 보세요.

안녕하세요- 야옹! 저는 아기 고양이예요. 이제부터 제 이야기를 들려줄게요.

저는 태어난 지 _____주만에 어떤 친절한 분에게 발견됐어요. 그 분은 저랑 제 형제들을 새로운 엄마에게 보내 주었죠.

엄마는 우리랑 전혀 닮지 않았어요. 다리가 두 개고, 털도 없지요. 머리에 조금 있는 것 말고는요. 털이 없다니, 좀 웃겨요.

아기였을 때 기억은 젖병에 든 우유를 마시고, 휴지에 오줌을 싸고, 이불에 침을 흘린 것밖에 없어요. 엄마는 제가 하루에 _____시간을 잤대요. 그렇게 많이 잤다니 믿기 어렵지만, 그때는 제가 아기라서 잠을 많이 잤나 봐요.

엄마는 우리에게 매일 _____번씩 뽀뽀를 하고, _____번씩 껴안아 주었어요. 저는 그게 좋았지만 가끔은 귀찮을 때도 있었답니다.

저는 노는 걸 좋아해요. 엄마는 내가 점프를 너무 많이 해서 '방방이'라고 부르죠. 1시간에 _____번이나 점프한 적도 있어요. 그 정도면 세계 기록일 걸요!

우리 방은 정말 멋졌어요. 최고의 놀이터였죠. 장난감이 무려 _____개나 있어서, 매일 모두 하나씩 가지고 놀았어요. 다른 고양이 친구들이 얼마나 부러워했는지 몰라요!

이제 우리는 다 커서 다른 집에 입양될 거예요. 살짝 무섭기도 하지만 정말 신이 나요. 나랑 제일 친한 동생도 같은 집으로 갈 거예요. 새로운 집에 우리랑 놀아 줄 _____살짜리 아이가 있으면 좋겠어요.

우리 엄마는 정말 최고였어요! 우리는 엄마가 앞으로도 아기 고양이 _____마리를 더 임시 보호해 줘서, 그 친구들도 우리처럼 멋지게 살 수 있도록 해 주면 좋겠어요.

고마워요, 고양이 엄마. 사랑해요!

[퀴즈 만들기]

자, 이제 편지의 내용을 어려운 퀴즈로 바꿔서 친구들한테 풀게 해 보세요!

1 편지를 다시 읽어 보세요. 모든 빈칸에 숫자를 썼나요? 첫 번째 밑줄에 쓴 숫자를 찾으세요. '3'이라는 숫자를 썼다고 예를 들어 볼게요.

저는 태어난 지 _____3_____주만에 어떤 친절한 분에게 발견됐어요. 그 분은 저랑 제 형제들을 새로운 엄마에게 보내 주었죠.

2 숫자 '3'을 정답으로 하는 수학 문제를 만들어 보세요. 종이에 문제를 몇 개 만들어서 풀어 본 다음, 가장 까다로운 문제를 고르면 돼요.

$$7-4 \qquad 6÷2 \qquad 1+1+1 \qquad 2×5-7 \qquad (4+2)÷(20-18)$$

3 다음 페이지에는 방금 읽은 것과 똑같은 편지가 있어요. 이번에는 빈칸에 위에서 만든 문제를 쓰세요.

저는 태어난 지 ___(4+2)÷(20-18)___주만에 어떤 친절한 분에게 발견됐어요. 그 분은 저랑 제 형제들을 새로운 엄마에게 보내 주었죠.

4 고양이 편지의 빈칸을 모두 이렇게 바꾼 후, 친구에게 풀어 보라고 하세요!

[고양이 편지 퀴즈]

빈칸에 여러분이 66쪽에 쓴 숫자에 맞는 계산식을 만들어 보세요.

안녕하세요- 야옹! 저는 아기 고양이예요. 이제부터 제 이야기를 들려줄게요.

저는 태어난 지 _____주만에 어떤 친절한 분에게 발견됐어요. 그 분은 저랑 제 형제들을 새로운 엄마에게 보내 주었죠.

엄마는 우리랑 전혀 닮지 않았어요. 다리가 두 개고, 털도 없지요. 머리에 조금 있는 것 말고는요. 털이 없다니, 좀 웃겨요.

아기였을 때 기억은 젖병에 든 우유를 마시고, 휴지에 오줌을 싸고, 이불에 침을 흘린 것밖에 없어요. 엄마는 제가 하루에 _____시간을 잤대요. 그렇게 많이 잤다니 믿기 어렵지만, 그때는 제가 아기라서 잠을 많이 잤나 봐요.

엄마는 우리에게 매일 _____번씩 뽀뽀를 하고, _____번씩 껴안아 주었어요. 저는 그게 좋았지만 가끔은 귀찮을 때도 있었답니다.

저는 노는 걸 좋아해요. 엄마는 내가 점프를 너무 많이 해서 '방방이'라고 부르죠. 1시간에 _____번이나 점프한 적도 있어요. 그 정도면 세계 기록일 걸요!

우리 방은 정말 멋졌어요. 최고의 놀이터였죠. 장난감이 무려 _____개나 있어서, 매일 모두 하나씩 가지고 놀았어요. 다른 고양이 친구들이 얼마나 부러워했는지 몰라요!

이제 우리는 다 커서 다른 집에 입양될 거예요. 살짝 무섭기도 하지만 정말 신이 나요. 나랑 제일 친한 동생도 같은 집으로 갈 거예요. 새로운 집에 우리랑 놀아 줄 _____살짜리 아이가 있으면 좋겠어요.

우리 엄마는 정말 최고였어요! 우리는 엄마가 앞으로도 아기 고양이 _____마리를 더 임시 보호해 줘서, 그 친구들도 우리처럼 멋지게 살 수 있도록 해 주면 좋겠어요.

고마워요, 고양이 엄마. 사랑해요!

"빙고" 게임

 2명 이상

 게임판(부록 80쪽), 주사위 1개, 종이와 연필

준비하기

9	16	23	11	4
21	1	6	20	8
5	19	17	13	24
15	25	10	2	18
12	3	22	7	14

• 주사위를 4번 던져서 게임판 아랫줄에 써요.

• 1부터 25까지의 수 중에서 아무 수나 써서 게임판을 채워요.

목표

게임판에 한 줄로 있는 수가 나오도록 계산식을 만들어요.

한 줄에 있는 5개의 수를 모두 지우는 팀이 이깁니다.

게임하기

1   예를 들어 여러분이 주사위를 던져서 이 4개의 숫자가 나왔어요. [3] [2] [1] [6]

2   이 4개의 숫자로 계산식을 만들어서 그 답이 게임판에 있는 수가 되도록 하는 거
    예요.

9	16	23	11	4
21̶	1	6	20	8
5̶	19	17̶	13̶	24̶
15	25	10	2	18̶
12̶	3	22	7̶	14

$3 \times 2 + 1 + 6 = 13$ $16 \div 2 \times 3 = 24$

$1 + 6 + 2 + 3 = 12$ $3 \times 6 + 2 + 1 = 21$

$23 - 16 + 7$ $(23 - 16) \times 1 = 17$

$\frac{1}{2} \times 36 = 18$ $16 \div 2 - 3 = 5$

3   게임판에서 2번에서 나온 수를 지워요.

4   한 줄에 5개의 수가 모두 지워지면 빙고!

[나만의 고양이 문제 만들기]

아기 고양이 문제를 만들어 보세요.

문제 1

답을 쓰세요.

문제 2

답을 쓰세요.

[이 책의 고양이들을 만나 보세요]

호프

안녕하세요? 이 책을 쓴 켈리라고 해요.

저는 수학을 가르치는 일을 하면서 실제로 고양이를 기른답니다. 이 책은 여러분이 그림, 규칙, 퍼즐, 게임 등으로 수학을 재미있게 배울 수 있도록 만들었어요.

플로시

호프, 플로시, 밀리, 새미, 모찌, 지미, 핍을 만나 보세요.

이 페이지에 있는 고양이들은 모두 버려졌다 구조되었어요. 저는 이 고양이들을 여러분이 한 손으로 쥘 수 있는 작은 솜털 공 만할 때부터 키웠지요.

이 사랑스러운 아기 고양이의 사진들은 이 책 곳곳에 등장한답니다.(여러 번 나오는 고양이도 있어요!) 모두 다 찾을 수 있나요?

지미

이 책을 다 했다면…

1. 6쪽의 '온라인 보너스 패키지'에서 재미있는 활동을 해 보세요.
2. 다른 친구들에게 이 책에 대해 알려 주세요.
3. 다음 페이지에 있는 수료증에 이름을 쓰세요!

밀리

그럼, 또 만나요!

새미

모찌

밀리

지미

새미

핍

고양이 수학 B

수료증

은(는) 고양이들과 함께 재미있게
수학 공부를 마쳤으므로 이 수료증을 수여합니다.

년   월   일

해 답

12-13쪽

14-15쪽

16쪽(꼬미, 감자)

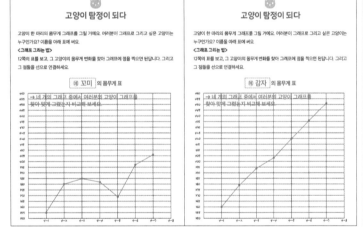

16쪽(하니, 빵이)

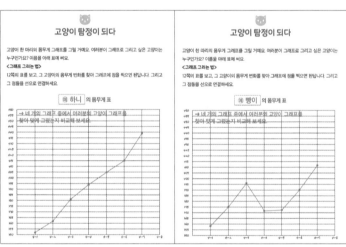

17쪽

18-19쪽

21쪽

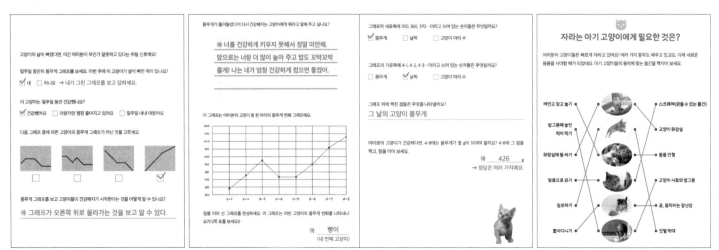

22-23쪽

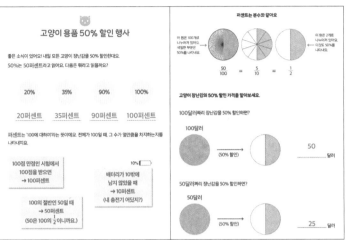

24-25쪽

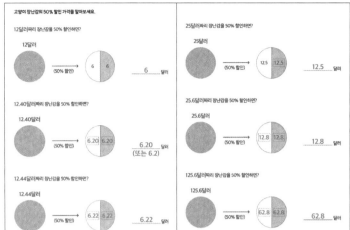

26-27쪽

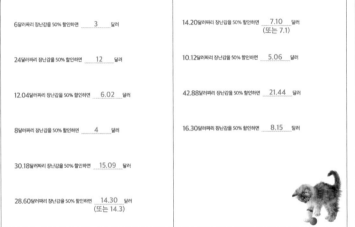

30-31쪽

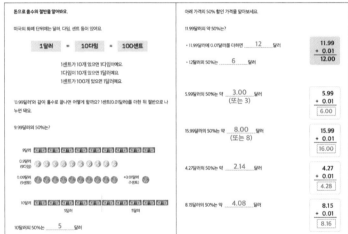

32-33쪽

38-39쪽

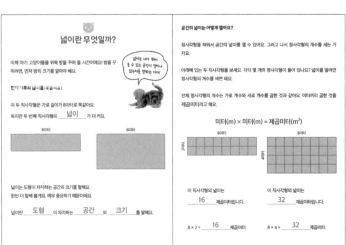

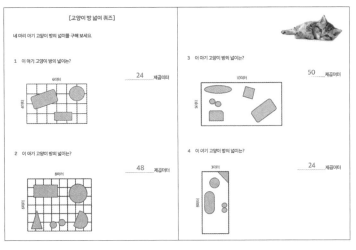

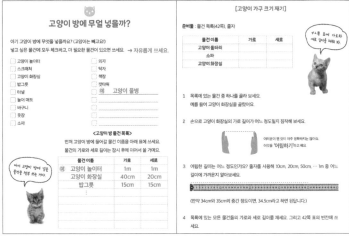

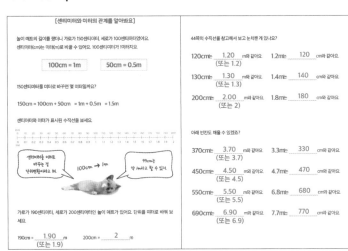

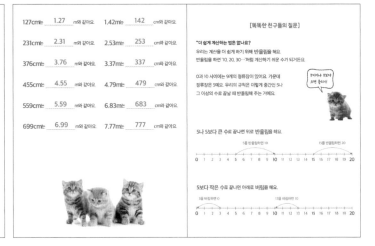

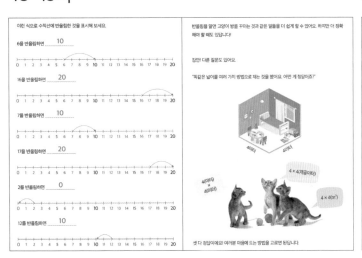

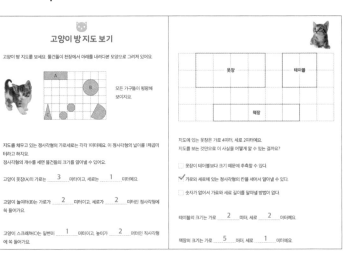

52-53쪽

[지도에 가구 그리기]

이 도형들은 여러분이 자주 볼 수 있는 물건들이에요. 물건의 크기와 모양을 잘 보고, 알맞은 알파벳을 쓰세요.

비누 접시 **C**   테이블 **A**

컴퓨터 충전기 **E**   책 **B**   화분 **D**

여러분만의 지도를 그려 보세요. 이 물건들을 위에서 보면 어떻게 생겼을까요?

고양이 화장실   의자   화분   쓰레기통
고양이 놀이터   옷장   고양이 침대

예
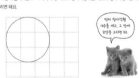

고양이 놀이터

옷장

쓰레기통   화분

→ 자유롭게 그리세요.

고양이 방 꾸미기

준비물 : 물건 목록(42쪽), 모눈종이(부록 78쪽)

1 여러분의 물건 목록에서 첫 번째 물건을 보세요. 우리의 첫 번째 물건은 고양이 놀이터예요.

물건 이름	가로	세로
고양이 놀이터	3미터	3미터
소파	5미터	2미터
고양이 화장실	2미터	1미터

2 모눈종이에 물건의 모양을 그리세요. 정확한 크기로 그리기 위해 정사각형의 개수를 세요. 고양이 놀이터는 3 × 3미터니까, 가로로 정사각형 3칸 세로로 정사각형 3칸 위에 그리면 돼요.

먼저 정사각형 3개를 세고, 그 옆에 모양을 2개씩 예.

58-59쪽

고양이 도와주기

여러분은 아기 고양이를 돌보는 방법을 많이 배워요. 여러분이 한 임시 보호한 고양이를 돕기 위한 여러 가지 방법 중 하나예요. 여러분은 동네에 있는 고양이들을 어떻게 돕고 싶은가요? 모두 체크하세요. → 자유롭게 체크하세요.

물건 만들기

☐ 고양이 장난감 만들기   ☐ 고양이 친구 인형 만들기   ☐ 고양이 담요 만들기

봉사활동

☐ 임시 보호하기   ☐ 보호센터에 봉사활동하기   ☐ 쓰다듬어 주고 놀아 주기

그 외

☐ 고양이 쉼터를 위한 모금활동   ☐ 고양이 입양 포스터 만들기   ☐ 친구들에게 임시 보호에 대해 알려 주기

[생활 속 고양이 수학]

엄마가 여러분이 돌보고 있는 고양이들에게 장난감을 만들어 주라고 24달러를 주셨어요. 장난감 1개를 만드는 데는 3달러가 들어요. 여러분은 장난감을 총 몇 개 만들 수 있을까요?

24÷3=8   **8**   개

아기 고양이는 인형을 갖고 놀면서 안전함과 따뜻함을 느껴요. 여러분은 15일 동안 하루에 2개씩 고양이 인형을 만들어서 봉사 단체에 기부하려고 해요. 여러분이 기부할 수 있는 인형은 총 몇 개인가요?

15×2=30   **30**   개

가로 300센티미터, 세로 200센티미터인 고양이 담요를 만들었어요. 이 담요의 길이를 미터로 바꾸면 가로는 __3__ 미터, 세로는 __2__ 미터예요. 그리고 이 담요의 넓이는 __6__ 제곱미터예요. 3×2=6

60-61쪽

태어난 지 일주일 된 아기 고양이의 배는 아주 작아서 2시간마다 우유를 먹여야 해요. (한밤중을 포함해서) 하루에 총 몇 번 우유를 먹여야 할까요?

24÷2=12   **12**   번

여름방학에 친한 친구 2명과 함께 동물 보호센터에서 봉사활동을 했어요. 세 명의 봉사자 시간을 모두 합치니 총 33시간이에요. 여러분을 포함한 친구들이 모두 똑같은 시간 동안 봉사를 했다면 여러분은 몇 시간 봉사한 걸까요?

33÷3=11   **11**   시간

지난주에 아기 고양이들을 안아 주기 위해 보호센터에 갔어요. 화요일에는 4마리, 수요일에는 6마리, 금요일에는 5마리, 토요일에는 8마리를 안아 주고 왔어요. 일주일 동안 총 몇 마리의 고양이들을 껴안았나요?

4+6+5+8=23   **23**   마리

아픈 아기 고양이를 구하려면 250달러가 필요해요. 여러분은 이 돈을 마련하려고 몰리마켓에서 레모네이드를 만들어 팔려고 해요. 레모네이드 재료를 사는 데 35달러를 썼어요. 금요일에 44달러를, 토요일에 170달러를, 일요일에 172달러를 벌었어요. 여러분은 아기 고양이를 구하는 데 필요한 돈을 모두 마련했나요?

44+170+172-35=351   **네**

(이유는: 351달러는 250달러보다 더 많다.)

고양이 입양에 대해 알리는 행사가 열려요. 여러분은 홍보 포스터를 만들기로 했어요. 포스터 1장을 붙이면 약 10명의 사람들이 행사장에 와요. 여러분이 5개의 포스터를 만들었다면 약 몇 명이 행사장에 올까요?

10×5=50   **50**   명

친구들에게 고양이 임시 보호에 대해 이야기해 주었더니, 그중 3명이 임시 보호를 시작했어요. 그리고 그 3명도 각각 3명의 친구들에게 이야기를 해 주었고, 모두 임시 보호를 시작했어요. 이제 여러분을 포함해서 아기 고양이를 임시 보호하는 어린이는 모두 몇 명일까요?

1+3+9=13   **13**   명

62-63쪽

아기 고양이를 돕는 방법 중에서 여러분이 가장 해 보고 싶은 것은 무엇인가요? 그 이유도 써 보세요.

→ 여러분의 생각을 자유롭게 쓰세요. 그리고 크게 읽어 보세요.

고양이 담요 만들기

동물 보호센터에 있는 아기 고양이들은 잔뜩 겁을 먹고서 엄마를 그리워하고 있어요. 누군가 고양이를 임시 보호해 주거나 입양할 때까지, 따뜻한 담요가 고양이들을 포근하고 아늑하게 안아 줄 수 있을 거예요.

담요를 만들어서 동물 보호센터에 기부해 보세요.

준비물
- 무늬 있는 따뜻한 천(가로세로 1미터 이상)
- 무늬 없는 따뜻한 천(가로세로 1미터 이상)
- 가위   - 두꺼운 종이
- 줄자   - 연필

1 무늬가 있는 천을 바닥에 펼쳐요. 무늬가 있는 쪽이 바닥을 향하게 해요.   가로 _____ m

2 무늬가 없는 천을 그 위에 겹쳐 놓아요.

3 두 천의 크기가 같은지 살펴봐요. 크기가 다르다면 잘 다듬어서 크기를 맞춰요.

4 겹쳐 놓은 천의 길이를 재요.
가로 _____ m × 세로 _____ m

66, 68쪽

고양이에게서 온 편지

여러분이 임시 보호한 고양이에게서 편지가 왔어요. 빈칸에 숫자를 채워 고양이의 이야기를 완성해 보세요.

예
안녕하세요~ 야옹! 저는 아기 고양이예요. 이제부터 제 이야기를 들려줄게요.

저는 태어난 지 __3__ 주쯤에 어떤 친절한 분에게 발견되었어요. 그 분은 저장 제 엄마를 못 찾았어요. ...

엄마는 하루에 적게도 가리지 않았어요. 다리가 두 개로, 털도 없어요. 머리가 조금 있을 뿐 ... 좀 웃어요.

아기였을 때 기억은 젖병에 든 우유를 마시고, 휴지에 오줌을 싸고, 이쁘게 힘을 줄려 ... 엄마는 제가 하루에 __12__ 시간을 잤대요. ...

엄마는 우리에게 매일 __30__ 번씩 뽀뽀를 하고, __28__ 번씩 껴안아 주었어요. ...

저는 노는 걸 좋아해요. 엄마는 내가 침대 위로 뛰어 올려 '방방이'이고 부르죠. 1시간에 __100__ 번이나 침대에 뛰어 올라요. ...

우리 밥은 정말 엄청나요. 최고로 높아서였죠. 장난감 우유 __18__ 개나 있어서, 매일 모두 하나씩 가지고 놀았어요. ...

이제 우리는 다 커서 다른 집에 입양될 거예요. 새로운 집에 우리 함께 __10__ 살이라고 이야기 있으면 충분해요.

우리 엄마는 정말 최고였어요! 우리는 엄마가 없으므로, 아기 고양이 __4__ 마리를 더 임시 보호해 주세요. 그 친구들도 우리처럼 멋지게 살 수 있도록 해 주면 충분해요.

고마워요, 고양이 엄마. 사랑해요!

[고양이 편지 퀴즈]

빈칸에 여러분이 66쪽에 쓴 숫자에 맞는 계산식을 만들어 보세요.

예
안녕하세요~ 야옹! 저는 아기 고양이예요. 이제부터 제 이야기를 들려줄게요.

저는 태어난 지 __7-4__ 주쯤에 어떤 친절한 분에게 발견되었어요. 그 분은 저장 제 엄마를 못 찾아서 엄마는 엄마에게 보내 주었어요.

엄마는 우리랑 많이 달지 않았어요. 다리가 두 개로, 털도 없어요. 머리가 조금 있을 뿐 ... 좀 웃어요.

아기였을 때 기억은 젖병에 든 우유를 마시고, 휴지에 오줌을 싸고, 이쁘게 힘을 줄려 것인지 ... 엄마는 제가 하루에 __3×4__ 시간을 잤대요. 그렇게 많이 잤다니 믿기 어렵지만, 그때는 제가 아기라서 많이 잤나 봐요.

엄마는 우리에게 매일 __12×2+6__ 번씩 뽀뽀를 하고, __12×2+4__ 번씩 껴안아 주었어요. 저는 그게 좋으면서 자꾸만 귀찮은 때도 있었답니다.

저는 노는 걸 좋아해요. 엄마는 내가 침대 위로 뛰어 올려 '방방이'이고 부르죠. 1시간에 __99+1__ 번이나 침대에 뛰어 올라요. 1분도 쉬지 않고 세게 뛰쳐 줄 거예요!

우리 밥은 정말 엄청나요. 최고로 높아서였죠. 장난감 우유 __36+2__ 개나 있어서, 매일 모두 하나씩 가지고 놀았어요. 다른 고양이 친구들이 엄마나 부러워했는지 몰라요!

이제 우리는 다 커서 다른 집에 입양될 거예요. 설마 무섭지도 하지만 엄마 정말 선이 나요. 나중 제 귀한 동생도 같은 집으로 갈 거예요. 새로운 집에 우리 함께 __1+2+3+4__ 살이라고 이야기 있으면 충분해요.

우리 엄마는 정말 최고였어요! 우리는 엄마가 없으므로, 아기 고양이 __12÷3__ 마리를 더 임시 보호해 주세요. 그 친구들도 우리처럼 멋지게 살 수 있도록 해 주면 충분해요.

고마워요, 고양이 엄마. 사랑해요!

70-71쪽

[나만의 고양이 문제 만들기]

아기 고양이 문제를 만들어 보세요.

문제 1

예 밍키가 우유를 18mL 먹었어요. 체리는 우유를 13mL 먹었어요. 밍키는 체리보다 우유를 얼마나 더 먹었나요?

답을 쓰세요.

예 5mL. 왜냐하면 18-13=5이기 때문입니다.

문제 2

→ 나만의 고양이 문제를 만들고 답을 써 보세요. 쉬운 문제도 좋고 어려운 문제도 괜찮아요. 여러분이 직접 문제를 만들면 아기 고양이들이 기뻐할 거예요.

답을 쓰세요.

부록

책에서 복사하거나 6쪽 QR코드의 링크에서 인쇄해서 사용하세요.

[모눈종이]

[붐비는 직사각형 게임판]

[빙고 게임판]

나만의 고양이 카드

내가 키운 고양이를 오려 뒷면에 고양이 이름을 쓴 다음 가지고 다녀요.